观云识天

蒋静怡 主编　黄　程 绘

U0396639

浙江工商大学出版社
ZHEJIANG GONGSHANG UNIVERSITY PRESS

杭州

图书在版编目（ＣＩＰ）数据

观云识天 / 蒋静怡主编；黄程绘. — 杭州：浙江
工商大学出版社, 2021.1
（天气梦想家科普系列丛书）
ISBN 978-7-5178-4198-2

Ⅰ. ①观... Ⅱ. ①蒋... ②黄... Ⅲ. ①云 - 儿童读物
Ⅳ. ①P426.5-49

中国版本图书馆CIP数据核字(2020)第240122号

观云识天
GUAN YUN SHI TIAN
蒋静怡 主编　黄 程 绘

策划编辑	祝希茜
责任编辑	王　耀 沈明珠
封面设计	黄　程
责任印刷	包建辉
出版发行	浙江工商大学出版社
	（杭州市教工路198号　邮政编码 310012）
	（E-mail:zjgsupress@163.com）
	（网址：http://www.zjgsupress.com）
	电话: 0571-88904980，88831806（传真）
排　版	杭州市萧山区气象局
印　刷	杭州高腾印务有限公司
开　本	787mm×960mm 1/16
印　张	1.5
字　数	43千
版 印 次	2021年1月第1版　2021年1月第1次印刷
书　号	ISBN 978-7-5178-4198-2
定　价	18.00元

èr shí sì jié qì gē
二十四节气歌

chūn yǔ jīng chūn qīng gǔ tiān　　xià mǎn máng xià shǔ xiāng lián

春雨惊春清谷天，夏满芒夏暑相连，

qiū chǔ lù qiū hán shuāng jiàng　　dōng xuě xuě dōng xiǎo dà hán

秋处露秋寒霜降，冬雪雪冬小大寒。

立春花开　雨水来淋　惊蛰春雷　蛙叫春分　清明犁田　谷雨春茶

立夏耕田　小满灌水　芒种看果　夏至看禾　小暑谷熟　大暑忙收

立秋之前　种完番豆　处暑莳田　白露耘田　秋分看禾　寒露前结

霜降一冷　立冬打禾　小·大雪闲　等过冬年　小寒一年　大寒团圆

四季划分
sì jì huà fēn

气候划分法：
qì hòu huà fēn fǎ

公历3~5月为 春季
gōng lì 3 ～ 5 yuè wéi *chūn jì*

6~8月为 夏季
6 ～ 8 yuè wéi *xià jì*

9~11月为 秋季
9 ～ 11 yuè wéi *qiū jì*

12月~来年2月为 冬季
12 yuè ～ lái nián 2 yuè wéi *dōng jì*

qì xiàng yì yì shàng de sì jì huà fēn

气象意义上的四季划分：

huá dòng píng jūn qì wēn xù liè lián xù 5 tiān ≥ 10℃   rù chūn

滑动平均气温序列连续5天≥10℃   入春

huá dòng píng jūn qì wēn xù liè lián xù 5 tiān ≥ 22℃   rù xià

滑动平均气温序列连续5天≥22℃   入夏

huá dòng píng jūn qì wēn xù liè lián xù 5 tiān < 22℃   rù qiū

滑动平均气温序列连续5天 < 22℃   入秋

huá dòng píng jūn qì wēn xù liè lián xù 5 tiān < 10℃   rù dōng

滑动平均气温序列连续5天 < 10℃   入冬

yún shì xuán fú zài dà qì zhōng de xiǎo shuǐ dī bīng jīng huò tā men de hùn

云是悬浮在大气中的小·水滴、冰晶或它们的混

hé wù zǔ chéng de kě jiàn jù hé tǐ yǒu shí yě bāo hán yī xiē jiào dà

合物组成的可见聚合体；有时也包含一些较大

de yǔ dī bīng lì hé xuě jīng

的雨滴、冰粒和雪晶。

6

yún de dàn shēng
云的诞生

yún zhōng de shuǐ dī huò bīng jīng jiāng yáng guāng sǎn shè dào gè gè fāng xiàng
云中的水滴或冰晶将阳光散射到各个方向，
zhè jiù chǎn shēng le yún de wài guān
这就产生了云的外观。

tiān lǎng qì qīng lán tiān bái yún
天朗气清 蓝天白云

rì chū rì luò hóng yún mǎn tiān
日出日落 红云满天

tiān biān piāo lái wū yún yī duǒ
天边飘来 乌云一朵

dà yǔ jiāng zhì hēi yún mì bù
大雨将至 黑云密布

yǔ guò tiān qíng yī dào cǎi hóng
雨过天晴 一道彩虹

云朵的一家

gāo yún zú
高云族：

juǎn yún
卷云

juǎn céng yún
卷层云

juǎn jī yún
卷积云

gāo yún jiā zú　yún dǐ gāo dù tōng cháng dà yú　4500　mǐ　tā men dōu shì yóu wēi xiǎo
高云家族，云底高度通常大于4500米。它们都是由微小
de bīng jīng suǒ zǔ chéng
的冰晶所组成。

zhōng yún zú
中云族：

gāo céng yún
高层云

gāo jī yún
高积云

zhōng yún jiā zú　duō zài 2500　mǐ zhì　4500　mǐ de gāo kōng xíng chéng　tā men shì yóu
中云家族，多在2500米至4500米的高空形成。它们是由
wēi xiǎo shuǐ dī　guò lěng shuǐ dī huò yǔ bīng jīng xuě jīng hùn hé zǔ chéng
微小水滴、过冷水滴或与冰晶、雪晶混合组成。

云朵的一家

dī yún zú
低云族：

jī yún
积云

jī yǔ yún
积雨云

céng jī yún
层积云

céng yún
层云

yǔ céng yún
雨层云

dī yún jiā zú　　yī bān shì zài　2500　mǐ yǐ xià de dà qì zhōng xíng chéng　tā men duō
低云家族，一般是在2500米以下的大气中形成。它们多
yóu wēi xiǎo shuǐ dī zǔ chéng
由微小水滴组成。

<ruby>天气现象<rt>tiān qì xiàn xiàng</rt></ruby>

<ruby>晴<rt>qíng</rt></ruby>：<ruby>天空无云或云很少，总云量0~2成。<rt>tiān kōng wú yún huò yún hěn shǎo   zǒng yún liàng 0~2 chéng</rt></ruby>

<ruby>多云<rt>duō yún</rt></ruby>：<ruby>天空云总量6~8成。<rt>tiān kōng zǒng yún liàng 6~8 chéng</rt></ruby>

<ruby>阴天<rt>yīn tiān</rt></ruby>：<ruby>天空云系密布全天，或天空虽有云隙，<rt>tiān kōng yún xì mì bù quán tiān   huò tiān kōng suī yǒu yún xì</rt></ruby>
<ruby>但仍感到阴暗，总云量9~10成。<rt>dàn réng gǎn dào yīn àn   zǒng yún liàng 9~10 chéng</rt></ruby>

<ruby>阵雨<rt>zhèn yǔ</rt></ruby>：<ruby>开始和停止都较突然、强度变化大的<rt>kāi shǐ hé tíng zhǐ dōu jiào tū rán   qiáng dù biàn huà dà de</rt></ruby>
<ruby>液态降水，有时伴有雷暴。<rt>yè tài jiàng shuǐ   yǒu shí bàn yǒu léi bào</rt></ruby>

天气现象
tiān qì xiàn xiàng

雷雨：也称雷阵雨，指伴有雷声或闪电的
液态降水现象。

雨夹雪：半融化的雪，或雨和雪同时降落。

雪：固态降水，大多是白色不透明的六出
分枝的星状、六角形片状结晶。温度较高
时多成团降落。

雾：大量微小水滴浮游空中，常呈乳白色，
使水平能见度小于1.0千米。

yún duǒ lǐ de xiǎo shuǐ dī　　zài yún lǐ xiāng hù pèng zhuàng
云朵里的小水滴，在云里相互碰撞，
hé bìng chéng dà shuǐ dī luò dào dì shàng　jiù chéng le yǔ
合并成大水滴落到地上，就成了雨。
dāng qì wēn jiàng dī dào yī dìng chéng dù　yǔ jiù biàn chéng le xuě
当气温降低到一定程度，雨就变成了雪。

降水量等级

jiàng shuǐ liàng děng jí

单位（毫米）dān wèi háo mǐ

雨量等级 yǔ liàng děng jí	12小时 12 xiǎo shí	24小时 24 xiǎo shí	雪量等级 xuě liàng děng jí	12小时 12 xiǎo shí	24小时 24 xiǎo shí
微量降雨 wēi liàng jiàng yǔ	<0.1	<0.1	微量降雪 wēi liàng jiàng xuě	<0.1	<0.1
小雨 xiǎo yǔ	0.1~4.9	0.1~9.9	小雪 xiǎo xuě	0.1~0.9	0.1~2.4
中雨 zhōng yǔ	5.0~14.9	10.0~24.9	中雪 zhōng xuě	1.0~2.9	2.5~4.9
大雨 dà yǔ	15.0~29.9	25.0~49.9	大雪 dà xuě	3.0~5.9	5.0~9.9
暴雨 bào yǔ	30.0~69.9	50.0~99.9	暴雪 bào xuě	6.0~9.9	10.0~19.9
大暴雨 dà bào yǔ	70.0~139.9	100.0~249.9	大暴雪 dà bào xuě	10.0~14.9	20.0~29.9
特大暴雨 tè dà bào yǔ	≥140.0	≥250.0	特大暴雪 tè dà bào xuě	≥15.0	≥30.0

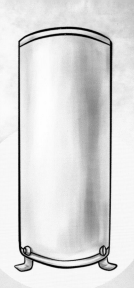

雨量筒
yǔ liàng tǒng

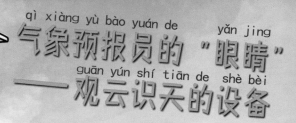

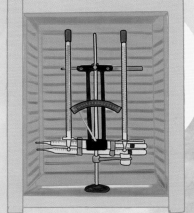

百叶箱
bǎi yè xiāng

百叶箱内部
bǎi yè xiāng nèi bù

风塔
fēng tǎ

蒸发皿
zhēng fā mǐn

15

读懂气象预警信号，做好气象防灾减灾

气象灾害预警信号总体上分为：

（以台风预警信号为例）

蓝色（IV级）：一般

黄色（III级）：较重

橙色（II级）：严重

红色（I级）：特别严重

14种突发气象灾害预警信号：台风、暴雨、暴雪、寒潮、大风、低温、高温、干旱、雷电、冰雹、霜冻、大雾、霾、道路结冰

动动小手

dòng dòng xiǎo shǒu

yòng tiān qì fú hào lái xiě shī   qǐng zài kòng gé zhōng tiē shàng duì

用天气符号来写诗，请在空格中贴上对

yìng de tiān qì fú hào

应的天气符号。

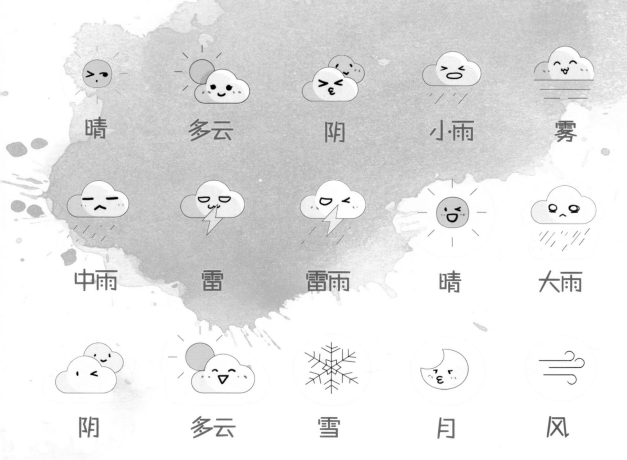

晴　　多云　　阴　　小雨　　雾

中雨　　雷　　雷雨　　晴　　大雨

阴　　多云　　雪　　月　　风

17

绝句

宋·志南

古木阴中系短篷，杖藜扶我过桥东。

沾衣欲湿杏花（ 　　　 ），吹面不寒杨柳（ 　　　 ）。

饮湖上初晴后雨

宋·苏轼

水光潋滟（ 　　　 ）方好，山色空蒙（ 　　　 ）亦奇。

欲把西湖比西子，淡妆浓抹总相宜。

山居秋暝
shān jū qiū míng

唐·王维
táng wáng wéi

空山新（　　）后，天气晚来秋。
kōng shān xīn　　hòu tiān qì wǎn lái qiū

明（　　）松间照，清泉石上流。
míng　　sōng jiān zhào qīng quán shí shàng liú

竹喧归浣女，莲动下渔舟。
zhú xuān guī huàn nǚ lián dòng xià yú zhōu

随意春芳歇，王孙自可留。
suí yì chūn fāng xiē wáng sūn zì kě liú

春雪
chūn xuě

唐·韩愈
táng hán yù

新年都未有芳华，二月初惊见草芽。
xīn nián dōu wèi yǒu fāng huá èr yuè chū jīng jiàn cǎo yá

白（　　）却嫌春色晚，故穿庭树作飞花。
bái　　què xián chūn sè wǎn gù chuān tíng shù zuò fēi huā

_____

_____

_____

_____

_____

_____

_____

_____

_____

_____